长江泥沙公报

2022

Changjiang Sediment Bulletin

■ 水利部长江水利委员会 编

U0190414

长江出版社
CHANGJIANG PRESS

图书在版编目（CIP）数据

长江泥沙公报 . 2022 / 水利部长江水利委员会编 .
一武汉 ： 长江出版社，2023.5
ISBN 978-7-5492-8887-8

Ⅰ．①长… Ⅱ．①水… Ⅲ．①长江－泥沙－公报－ 2022 Ⅳ．① TV152

中国国家版本馆 CIP 数据核字 (2023) 第 091074 号

长江泥沙公报 . 2022
CHANGJIANGNISHAGONGBAO.2022
水利部长江水利委员会 编

责任编辑： 胡箐
装帧设计： 彭微
出版发行：长江出版社
地　　址：武汉市江岸区解放大道 1863 号
邮　　编：430010
网　　址：http://www.cjpress.com.cn
电　　话：027-82926557（总编室）
　　　　　027-82926806（市场营销部）
经　　销：各地新华书店
印　　刷：湖北金港彩印有限公司
规　　格：880mm×1230mm
开　　本：16
印　　张：3.5
字　　数：50 千字
版　　次：2023 年 5 月第 1 版
印　　次：2023 年 7 月第 1 次
书　　号：ISBN 978-7-5492-8887-8
定　　价：68.00 元

1. 本期公报根据长江流域主要水文控制站流量、泥沙测验及河道观测资料等编制。

2. 公报中的泥沙是指悬移质部分，不包括推移质。

3. 公报中描述河流泥沙的主要物理量及其定义如下：

流　　量——单位时间内通过某一过水断面的水量（立方米每秒）；

径　流　量——一定时段内通过河流某一断面的水量（立方米）；

输　沙　量——一定时段内通过河流某一断面的泥沙质量（吨）；

输沙模数——单位时间单位流域面积产生的输沙量［吨每（年·平方公里）］；

含　沙　量——单位体积水沙混合物中的泥沙质量（千克每立方米）；

中数粒径——泥沙颗粒组成中的代表性粒径（毫米），小于等于该粒径的泥沙占总质量的 50%。

4. 河流泥沙测验一般采用断面取样法并配合流量测验推求断面输沙量，根据水、沙过程推算日、月、年等的输沙量；悬移质泥沙颗粒分析采用粒径计法、吸管法、消光法、激光法等结合分析，求得泥沙粒径特征值。

5. 公报中的多年平均值，一般是指 1950—2020 年资料系列的平均值。晚于 1950 年建站的，均取建站起始观测年份至 2020 年的平均值，统计系列中资料缺测的未作插补。近10 年平均值是指 2013—2022 年的平均值。

6. 公报中长江干流直门达站水文资料由青海省水文水资源测报中心提供，雅砻江桐子林站水文资料由四川省水文水资源勘测中心提供，洞庭湖"四水"主要控制站水文资料由湖南省水文水资源勘测中心提供，鄱阳湖"五河"控制站水文资料由江西省水文监测中心提供，丹江口水库部分入库控制站贾家坊站水文资料由湖北省水文水资源中心提供，其余资料由长江水利委员会提供。

7. 公报中三峡水库、丹江口水库水位采用吴淞（资用）高程基面，其他均采用 1985 国家高程基准。

2022 长江泥沙公报
Changjiang Sediment Bulletin

编写说明

第一章　概述 ································· 1

（一）径流量和输沙量概况 ·············· 1

（二）重点河段的冲淤变化概况 ·············· 2

（三）重要水库和湖泊泥沙概况 ·············· 2

（四）重要泥沙事件概况 ·············· 3

第二章　径流量与输沙量 ················· 4

（一）2022年实测水沙特征值 ·············· 5

（二）径流量与输沙量的年内变化 ·············· 13

第三章　重点河段的冲淤变化 ················· 27

（一）重庆主城区河段 ·············· 28

（二）南京河段 ·············· 34

第四章　重要水库和湖泊 ················· 42

（一）三峡水库 ·············· 42

（二）丹江口水库 ……………………………………………… 45

（三）洞庭湖区 ………………………………………………… 46

（四）鄱阳湖区 ………………………………………………… 47

第五章　重要泥沙事件 ……………………………………… 48

（一）长江遭遇百年一遇枯水、中下游输沙量剧减 …………… 48

（二）长江干流河道、洞庭湖、鄱阳湖采砂以及疏浚砂综合利用 ……… 48

（三）长江流域水土保持重点防治工程 ……………………… 49

（四）长江干流及主要支流河道崩岸 ………………………… 50

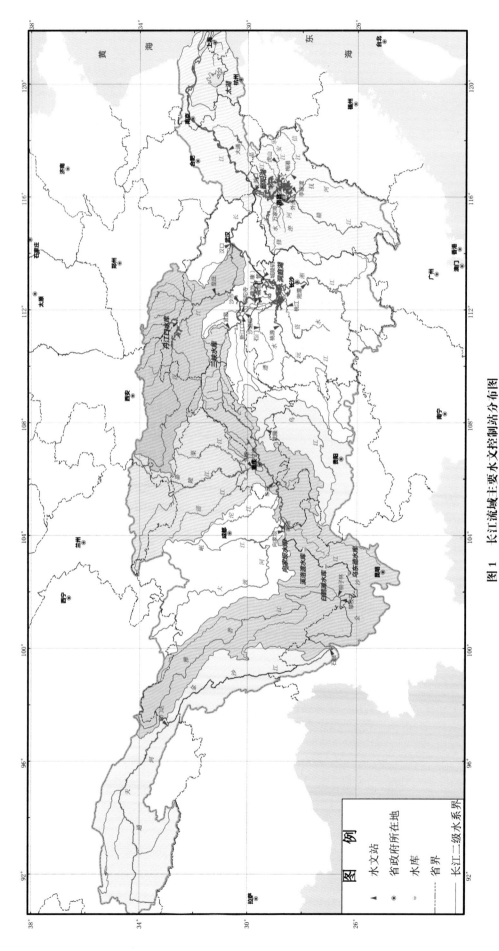

图 1　长江流域主要水文控制站分布图

图　例

▲　水文站
◎　省政府所在地
▽　水库
---------　省界
——　省界
——　长江二级水系界

第一章

Changjiang Sediment Bulletin

概 述

2022 年夏季，长江流域遭遇自 1961 年有完整气象观测纪录以来最严重的气象干旱，长江流域汛期发生流域性严重枯水，长江中下游干流 8、9 月份枯水频率达百年一遇，各控制站最低水位均为有历史纪录以来同期最低。本期公报发布长江流域干流、主要支流及洞庭湖区、鄱阳湖区主要水文控制站（测站分布见图 1）水沙情况及特征值，包括多年水沙统计值，2022 年水沙特征值及其与多年平均值、近 10 年平均值及上年值比较，2022 年径流量、输沙量的逐月分布。分析了重庆主城区河段、南京河段以及长江三峡水库、汉江丹江口水库的冲淤变化情况。介绍了长江百年一遇枯水造成输沙量剧减、长江干流河道和两湖采砂、疏浚砂综合利用、长江流域水土保持重点防治工程、长江及主要支流河道崩岸等重要泥沙事件。

（一）径流量和输沙量概况

长江流域代表站大通站 2022 年实测径流量和实测输沙量分别为 7712 亿立方米和 6650 万吨，与多年平均值相比，年径流量偏小 14%，年输沙量偏小 81%。长江干流主要水文控制站 2022 年水沙特征值与多年平均值比较，年径流量向家坝、朱沱、攀枝花、寸滩、宜昌、沙市、汉口、大通站偏小 4% ～ 17%，直门达、石鼓站分别偏大 16%、3%；年输沙量各站偏小 22% ～近 100%。

长江主要支流雅砻江桐子林站、岷江高场站、嘉陵江北碚站、乌江武隆站、汉江皇庄站 2022 年实测径流量分别为 520.1 亿立方米、704.2 亿立方米、488.3

亿立方米、356.0 亿立方米、312.3 亿立方米；实测输沙量分别为 470 万吨、390 万吨、540 万吨、70 万吨、140 万吨。与多年平均值比较，年径流量雅砻江桐子林站、岷江高场站、嘉陵江北碚站、乌江武隆站、汉江皇庄站分别偏小 13%、17%、26%、27%、32%；年输沙量分别偏小 61%、91%、94%、97%、97%。

洞庭湖区出口站城陵矶站 2022 年实测径流量和实测输沙量分别为 2289 亿立方米和 1300 万吨，与多年平均值相比，年径流量偏小 19%，年输沙量偏小 64%。洞庭湖区主要水文控制站 2022 年水沙特征值与多年平均值比较，年径流量资水桃江与多年平均值持平，湘江湘潭站偏大 18%，其余各站偏小 9%～98%；年输沙量各站偏小 64%～近 100%。

鄱阳湖区出口站湖口站 2022 年实测径流量和实测输沙量分别为 1430 亿立方米和 503 万吨，与多年平均值相比，年径流量偏小 6%，年输沙量偏小 50%。鄱阳湖区主要水文控制站 2022 年水沙特征值与多年平均值比较，年径流量饶河虎山站偏大 4%，信江梅港站基本持平，其余各站偏小 3%～17%；年输沙量饶河虎山、渡峰坑站分别偏大 228%、16%，其余各站偏小 7%～64%。

（二）重点河段的冲淤变化概况

2021 年 12 月至 2022 年 12 月，重庆主城区河段表现为冲刷，冲刷量为 146.1 万立方米。

2001 年 10 月至 2021 年 3 月，南京河段总体表现为全河段冲刷，洪水河槽下累计冲刷 1.47 亿立方米，枯水河槽下冲刷量达到 1.18 亿立方米。

（三）重要水库和湖泊泥沙概况

2022 年，根据三峡水库进出库水文观测资料统计分析，在不考虑推移质输沙及区间来沙的情况下，三峡库区淤积泥沙 0.1097 亿吨，水库排沙比为 19%。2003 年 6 月水库蓄水运用至 2022 年以来，水库淤积泥沙累积 20.593 亿吨。

2022 年，根据丹江口水库进出库水文观测资料统计分析，在不考虑推移质输沙及区间来沙的情况下，丹江口库区淤积泥沙约 200 万吨，水库近似无排沙。

2022 年，洞庭湖入湖主要控制站（"三口"及"四水"）输沙量共 547 万吨，由城陵矶汇入长江的输沙量为 1300 万吨。

2022 年，鄱阳湖入湖主要控制站（"五河六口"）输沙量共 766 万吨，由湖口汇入长江的输沙量为 503 万吨。

（四）重要泥沙事件概况

2022 年，长江流域遭遇百年一遇枯水，造成长江中下游输沙量剧减，干流控制站汉口站、大通站和支流控制站汉江皇庄站、洞庭湖湖口城陵矶站、鄱阳湖湖口水道湖口站，8 月输沙量较近 10 年平均值分别偏小 77%、84%、90%、32%、31%。

2022 年，长江干流河道共实施采砂 1451 万吨。洞庭湖湖区及主要支流实施采砂总量约 5846 万吨；鄱阳湖湖区及主要支流实施采砂总量约 4512 万吨。长江干流疏浚砂综合利用总量约 1858 万吨。

2022 年，长江流域实施了中央财政水利发展资金国家水土保持重点工程，共完成水土流失治理面积 4940.69 平方公里。

2022 年 1 月至 2022 年 12 月，长江干流、主要支流共发生河道崩岸 14 处，崩岸长度 5668 米，其中干流 3 处。

城陵矶水文站枯水大断面测验 　　　　　　　　（张民 摄）

Changjiang Sediment Bulletin

第二章

径流量与输沙量

　　2022 年长江流域全年降水量与多年平均值相比略偏少，汛期 8 月、9 月降水量显著偏少，流域内大部分地区持续高温少雨，干支流来水均严重偏少，长江流域遭遇自 1961 年有完整气象观测纪录以来最严重的气象干旱，长江发生流域性严重枯水。个别支流水系出现了较大降水过程，如嘉陵江、湘江、饶河等水系，发生较大洪水和输沙过程。

甘孜州炉霍水文站冰期埋设自记水位计气管 　　　　（兰洪　摄）

（一）2022 年实测水沙特征值

1 长江干流

2022 年长江干流主要水文控制站实测水沙特征值与多年平均值、近 10 年平均值及 2021 年实测值比较见表 1 和图 2。其中，金沙江石鼓站受苏洼龙、巴塘电站建站的影响，年径流量与 2021 年基本持平，但年输沙量相比 2021 年偏少 68%。

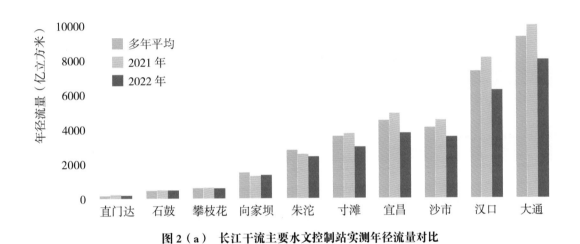

图 2（a） 长江干流主要水文控制站实测年径流量对比

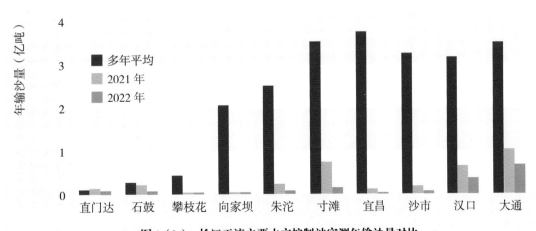

图 2（b） 长江干流主要水文控制站实测年输沙量对比

表1　2022 年长江干流主要水文控制站实测水沙特征值年际比较

水文控制站		直门达	石鼓	攀枝花	向家坝	朱沱	寸滩	宜昌	沙市	汉口	大通
控制流域面积（万平方公里）		13.77	21.42	25.92	45.88	69.47	86.66	100.55	/	148.80	170.54
年径流量（亿立方米）	多年平均	134.0 (1957—2020)	426.8 (1952—2020)	568.4 (1966—2020)	1425 (1956—2020)	2668 (1954—2020)	3448 (1950—2020)	4330 (1950—2020)	3932 (1955—2020)	7074 (1954—2020)	8983 (1950—2020)
	近10年平均	167.0	435.2	573.3	1366	2654	3427	4394	4052	7163	9166
	2021 年	198.4	449.0	583.0	1229	2440	3605	4723	4352	7829	9646
	2022 年	154.8	440.7	546.3	1276	2303	2851	3623	3411	6009	7712
	2022 年与多年平均对比	16%	3%	-4%	-10%	-14%	-17%	-16%	-13%	-15%	-14%
	2022 年与近10年平均对比	-7%	1%	-5%	-7%	-13%	-17%	-18%	-16%	-16%	-16%
	2022 年与 2021 年对比	-22%	-2%	-6%	4%	-6%	-21%	-23%	-22%	-23%	-20%
年输沙量（亿吨）	多年平均	0.100 (1957—2020)	0.268 (1958—2020)	0.430 (1966—2020)	2.06 (1956—2020)	2.51 (1956—2020)	3.53 (1953—2020)	3.76 (1950—2020)	3.26 (1956—2020)	3.17 (1954—2020)	3.51 (1951—2020)
	近10年平均	0.120	0.310	0.034	0.014	0.431	0.755	0.161	0.270	0.700	1.13
	2021 年	0.135	0.214	0.009	0.011	0.229	0.735	0.111	0.178	0.644	1.02
	2022 年	0.078	0.069	0.008	0.008	0.074	0.145	0.028	0.062	0.363	0.665
	2022 年与多年平均对比	-22%	-74%	-98%	-100%	-97%	-96%	-99%	-98%	-89%	-81%
	2022 年与近10年平均对比	-35%	-78%	-76%	-43%	-83%	-81%	-83%	-77%	-48%	-41%
	2022 年与 2021 年对比	-42%	-68%	-11%	-27%	-68%	-80%	-75%	-65%	-44%	-35%
年平均含沙量（千克每立方米）	多年平均	0.745 (1957—2020)	0.631 (1958—2020)	0.754 (1966—2020)	1.44 (1956—2020)	0.946 (1956—2020)	1.03 (1953—2020)	0.869 (1950—2020)	0.831 (1956—2020)	0.448 (1954—2020)	0.392 (1951—2020)
	2021 年	0.682	0.478	0.015	0.009	0.094	0.204	0.024	0.041	0.082	0.106
	2022 年	0.503	0.157	0.014	0.006	0.032	0.051	0.008	0.018	0.060	0.086
年中数粒径（毫米）	多年平均	/	0.016 (1987—2020)	0.013 (1987—2020)	0.013 (1987—2020)	0.011 (1987—2020)	0.010 (1987—2020)	0.008 (1987—2020)	0.019 (1987—2020)	0.012 (1987—2020)	0.011 (1987—2020)
	2021 年	/	0.012	0.009	0.016	0.012	0.012	0.007	0.013	0.011	0.021
	2022 年	/	0.012	0.008	0.018	0.012	0.013	0.012	0.035	0.012	0.021
输沙模数 [吨每(年·平方公里)]	多年平均	72.6 (1957—2020)	125 (1958—2020)	166 (1966—2020)	449 (1956—2020)	361 (1956—2020)	407 (1950—2020)	374 (1950—2020)	/	213 (1954—2020)	206 (1951—2020)
	2021 年	98.0	99.9	3.48	2.38	33.0	84.8	11.0	/	43.3	59.8
	2022 年	56.6	32.4	2.98	1.81	10.7	16.7	2.74	/	24.4	39.0

2　长江主要支流

2022年长江主要支流水文控制站实测水沙特征值与多年平均值、近10年平均值及2021年实测值比较见表2和图3。

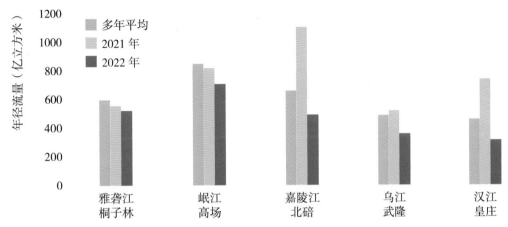

图3（a）　长江主要支流水文控制站实测年径流量对比

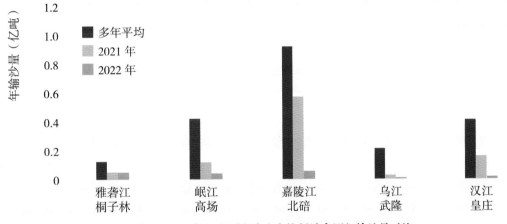

图3（b）　长江主要支流水文控制站实测年输沙量对比

表2　　　　　　　　　　2022年长江主要支流水文控制站实测水沙特征值年际比较

河名		雅砻江	岷江	嘉陵江	乌江	汉江
水文控制站		桐子林	高场	北碚	武隆	皇庄
控制流域面积（万平方公里）		12.84	13.54	15.67	8.30	14.21
年径流量（亿立方米）	多年平均	595.2（1999—2020）	847.9（1956—2020）	657.4（1956—2020）	485.6（1956—2020）	458.2（1950—2020）
	近10年平均	577.2	845.0	686.3	481.2	366.3
	2021年	554.4	816.7	1101	517.4	735.6
	2022年	520.1	704.2	488.3	356.0	312.3
	2022年与多年平均对比	−13%	−17%	−26%	−27%	−32%
	2022年与近10年平均对比	−10%	−17%	−29%	−26%	−15%
	2022年与2021年对比	−6%	−14%	−56%	−31%	−58%
年输沙量（亿吨）	多年平均	0.122（1999—2020）	0.419（1956—2020）	0.922（1956—2020）	0.210（1956—2020）	0.412（1951—2020）
	近10年平均	0.075	0.210	0.334	0.027	0.036
	2021年	0.049	0.117	0.572	0.026	0.159
	2022年	0.047	0.039	0.054	0.007	0.014
	2022年与多年平均对比	−61%	−91%	−94%	−97%	−97%
	2022年与近10年平均对比	−37%	−81%	−84%	−74%	−61%
	2022年与2021年对比	−4%	−67%	−91%	−73%	−91%
年平均含沙量（千克每立方米）	多年平均	0.206（1999—2020）	0.494（1956—2020）	1.40（1956—2020）	0.433（1956—2020）	0.899（1951—2020）
	2021年	0.089	0.144	0.519	0.050	0.216
	2022年	0.090	0.055	0.112	0.020	0.045
年中数粒径（毫米）	多年平均	/	0.016（1987—2020）	0.008（2000—2020）	0.008（1987—2020）	0.045（1987—2020）
	2021年	/	0.011	0.010	0.009	0.014
	2022年	/	0.009	0.010	0.012	0.016
输沙模数[吨每（年·平方公里）]	多年平均	95.0（1999—2020）	310（1956—2020）	588（1956—2020）	253（1956—2020）	290（1951—2020）
	2021年	38.4	86.4	365	31.4	112
	2022年	36.5	28.6	34.8	8.73	10.0

3 洞庭湖区

2022年洞庭湖区主要水文控制站实测水沙特征值与多年平均值、近10年平均值及2021年实测值比较见表3和图4。2022年湘江水系年平均降水量比多年平均值偏多4%。降水量年内分配主要集中在4—7月，占全年降水总量的61%。湘江湘潭站2022年径流量与多年平均值、近10年平均值以及2021年相比均偏大，与洞庭湖区其余水系均偏小形成鲜明对比。

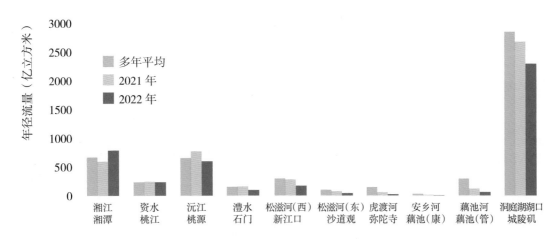

图4（a） 洞庭湖区主要水文控制站实测年径流量对比

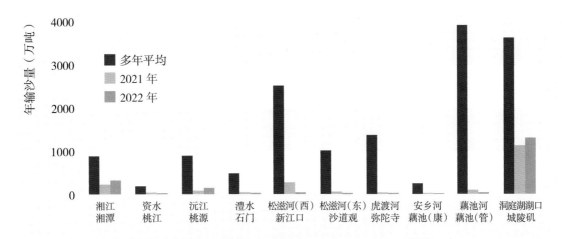

图4（b） 洞庭湖区主要水文控制站实测年输沙量对比

表3　2022年洞庭湖区主要水文控制站实测水沙特征值年际比较

河名 水文控制站		湘江 湘潭	资水 桃江	沅江 桃源	澧水 石门	松滋河（西） 新江口	松滋河（东） 沙道观	虎渡河 弥陀寺	安乡河（康） 藕池	藕池河（管） 藕池	洞庭湖湖口 城陵矶
控制流域面积（万平方公里）		8.16	2.67	8.52	1.53	/	/	/	/	/	/
年径流量 （亿立方米）	多年平均	660.7 (1950—2020)	229.0 (1951—2020)	648.0 (1951—2020)	147.9 (1950—2020)	292.4 (1955—2020)	96.00 (1955—2020)	143.1 (1953—2020)	23.43 (1950—2020)	289.4 (1950—2020)	2842 (1951—2020)
	近10年平均	691.5	233.8	721.0	148.4	254.6	58.40	61.16	2.589	106.0	2672
	2021年	587.3	239.4	765.1	151.7	275.4	71.23	56.48	2.362	116.1	2670
	2022年	780.1	230.1	590.7	92.47	166.1	36.08	18.63	0.5374	54.90	2289
	2022年与多年平均对比	18%	近0%	-9%	-37%	-43%	-62%	-87%	-98%	-81%	-19%
	2022年与近10年平均对比	13%	-2%	-18%	-38%	-35%	-38%	-70%	-79%	-48%	-14%
	2022年与2021年对比	33%	-4%	-23%	-39%	-40%	-49%	-67%	-77%	-53%	-14%
年输沙量 （万吨）	多年平均	875 (1953—2020)	177 (1953—2020)	883 (1952—2020)	474 (1953—2020)	2510 (1955—2020)	1000 (1955—2020)	1360 (1954—2020)	311 (1956—2020)	3920 (1956—2020)	3630 (1951—2020)
	近10年平均	428	69.3	142	97.8	235	63.7	52.4	3.23	141	1700
	2021年	217	35.9	76.0	38.2	265	49.0	31.2	1.54	91.4	1120
	2022年	316	21.6	137	9.54	32.0	8.92	4.57	0.151	17.6	1300
	2022年与多年平均对比	-64%	-88%	-84%	-98%	-99%	-99%	-100%	-100%	-100%	-64%
	2022年与近10年平均对比	-26%	-69%	-4%	-90%	-86%	-86%	-91%	-95%	-88%	-24%
	2022年与2021年对比	46%	-40%	80%	-75%	-88%	-82%	-85%	-90%	-81%	16%
年平均 含沙量 （千克每 立方米）	多年平均	0.133 (1953—2020)	0.078 (1953—2020)	0.136 (1952—2020)	0.321 (1953—2020)	0.858 (1955—2020)	1.04 (1955—2020)	0.983 (1954—2020)	1.93 (1956—2020)	1.59 (1956—2020)	0.128 (1951—2020)
	2021年	0.037	0.015	0.010	0.025	0.096	0.069	0.054	0.065	0.079	0.042
	2022年	0.040	0.009	0.023	0.010	0.019	0.025	0.024	0.028	0.032	0.057
年中数 粒径 （毫米）	多年平均	0.027 (1987—2020)	0.031 (1987—2020)	0.012 (1987—2020)	0.017 (1987—2020)	0.009 (1987—2020)	0.008 (1990—2020)	0.008 (1990—2020)	0.010 (1990—2020)	0.011 (1987—2020)	0.005 (1987—2020)
	2021年	0.011	0.011	0.009	0.011	0.012	0.011	0.010	0.010	0.011	0.010
	2022年	0.025	0.011	0.007	0.010	0.021	0.016	0.019	0.015	0.011	0.009
输沙模数 （年） [吨每 平方公里]	多年平均	107 (1953—2020)	66.3 (1953—2020)	104 (1952—2020)	310 (1953—2020)	/	/	/	/	/	/
	2021年	26.6	13.4	8.92	25.0	/	/	/	/	/	/
	2022年	38.7	8.08	16.1	6.23	/	/	/	/	/	/

4 鄱阳湖区

2022 年鄱阳湖区主要水文控制站实测水沙特征值与多年平均值、近 10 年平均值及 2021 年实测值比较见表 4 和图 5。2022 年虎山站 6 月出现特大洪水，洪峰水位 32.28 米、洪峰流量 10500 立方米每秒，水位、流量均超历史实测纪录，虎山站 2022 年输沙量与多年均值相比偏大较多。

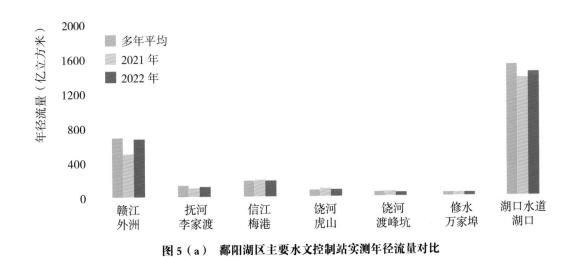

图 5（a） 鄱阳湖区主要水文控制站实测年径流量对比

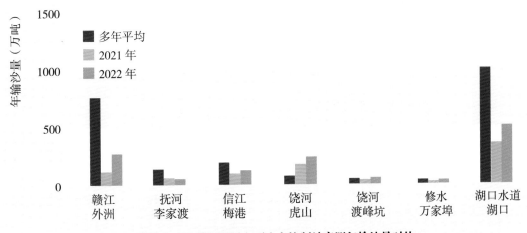

图 5（b） 鄱阳湖区主要水文控制站实测年输沙量对比

表4　2022年鄱阳湖湖区主要水文控制站实测水沙特征值年际比较

河名	赣江	抚河	信江	饶河		修水	湖口水道
水文控制站	外洲	李家渡	梅港	虎山	渡峰坑	万家埠	湖口
控制流域面积（万平方公里）	8.09	1.58	1.55	0.64	0.50	0.35	16.22
年径流量（亿立方米） 多年平均	689.2（1950—2020）	128.2（1953—2020）	181.8（1953—2020）	72.14（1953—2020）	47.58（1953—2020）	35.83（1953—2020）	1518（1950—2020）
近10年平均	711.3	127.7	188.4	78.92	54.13	41.10	1594
2021年	491.9	97.04	190.4	89.66	50.71	35.32	1361
2022年	668.0	111.5	180.0	75.35	39.30	34.43	1430
2022年与多年平均对比	-3%	-13%	-1%	4%	-17%	-4%	-6%
2022年与近10年平均对比	-6%	-13%	-4%	-5%	-27%	-16%	-10%
2022年与2021年对比	36%	15%	-5%	-16%	-23%	-3%	5%
年输沙量（万吨） 多年平均	759（1956—2020）	135（1956—2020）	191（1955—2020）	72.3（1956—2020）	46.2（1956—2020）	34.9（1957—2020）	1000（1952—2020）
近10年平均	196	100	104	167	61.3	31.6	730
2021年	117	61.0	97.1	176	38.0	22.0	352
2022年	270	51.0	122	237	53.4	32.5	503
2022年与多年平均对比	-64%	-62%	-36%	228%	16%	-7%	-50%
2022年与近10年平均对比	38%	-49%	17%	42%	-13%	3%	-31%
2022年与2021年对比	131%	-16%	26%	35%	41%	48%	43%
年平均含沙量（千克每立方米） 多年平均	0.111（1956—2020）	0.108（1956—2020）	0.107（1955—2020）	0.100（1956—2020）	0.097（1956—2020）	0.099（1957—2020）	0.066（1952—2020）
2021年	0.024	0.063	0.051	0.196	0.075	0.062	0.026
2022年	0.040	0.046	0.068	0.314	0.135	0.094	0.035
年中数粒径（毫米） 多年平均	0.043（1987—2020）	0.046（1987—2020）	0.015（1987—2020）	—	—	—	0.007（2006—2020）
2021年	0.010	0.014	0.010	—	—	—	0.013
2022年	0.012	0.012	0.010	—	—	—	0.009
输沙模数[吨每（年·平方公里）] 多年平均	93.8（1956—2020）	85.4（1956—2020）	123（1955—2020）	113（1956—2020）	92.4（1956—2020）	99.7（1957—2020）	61.7（1952—2020）
2021年	14.5	38.6	62.5	276	75.8	62.0	21.7
2022年	33.4	32.3	78.5	372	107	91.6	31.0

（二）径流量与输沙量的年内变化

1　长江干流

长江干流主要水文控制站直门达、石鼓、攀枝花、向家坝、朱沱、寸滩、宜昌、沙市、汉口、大通站 2022 年逐月径流量、输沙量的变化见图 6。

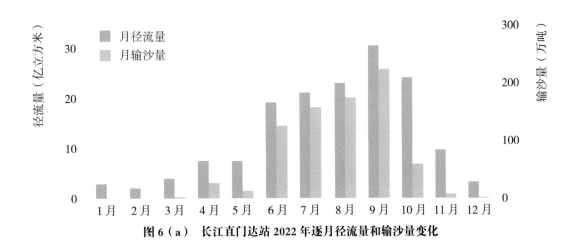

图 6（a）　长江直门达站 2022 年逐月径流量和输沙量变化

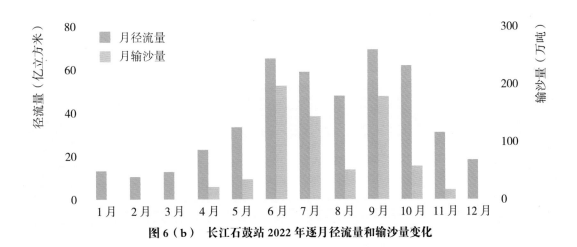

图 6（b）　长江石鼓站 2022 年逐月径流量和输沙量变化

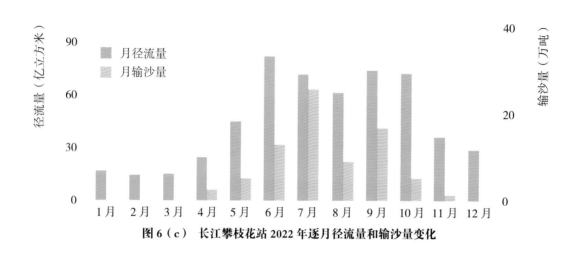

图 6 (c) 长江攀枝花站 2022 年逐月径流量和输沙量变化

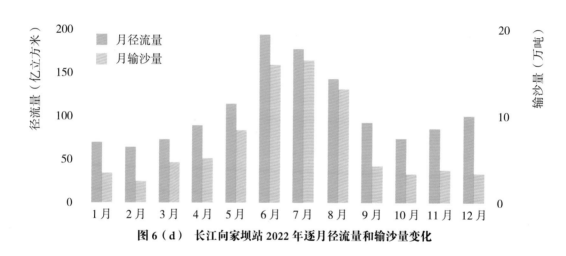

图 6 (d) 长江向家坝站 2022 年逐月径流量和输沙量变化

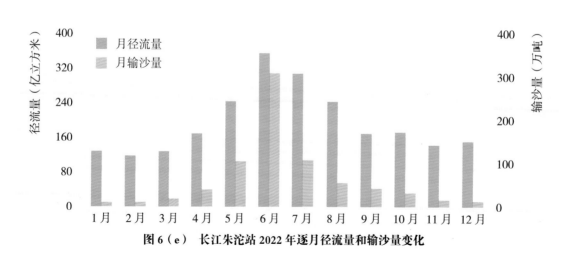

图 6 (e) 长江朱沱站 2022 年逐月径流量和输沙量变化

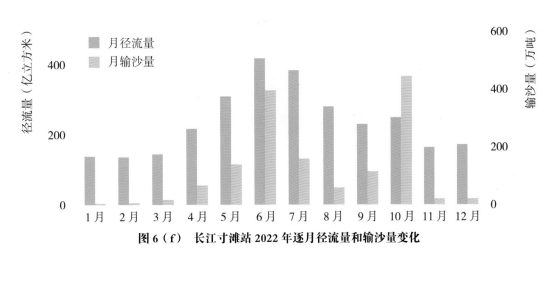

图 6（f） 长江寸滩站 2022 年逐月径流量和输沙量变化

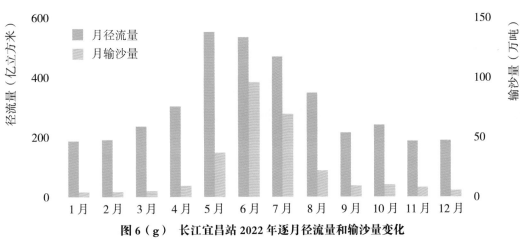

图 6（g） 长江宜昌站 2022 年逐月径流量和输沙量变化

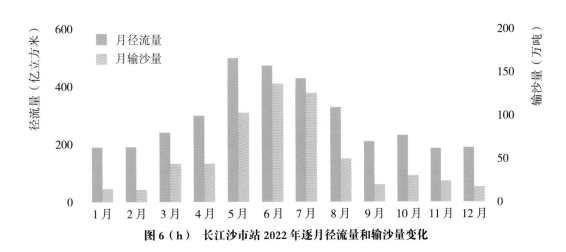

图 6（h） 长江沙市站 2022 年逐月径流量和输沙量变化

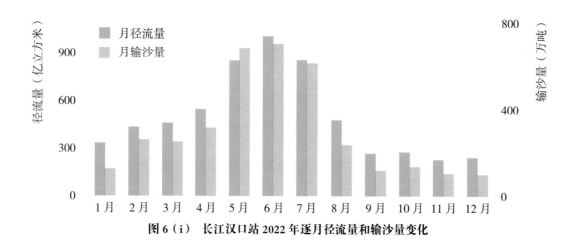

图6（i） 长江汉口站2022年逐月径流量和输沙量变化

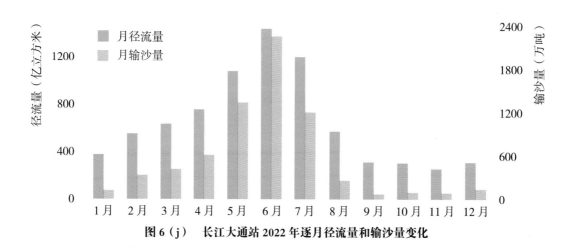

图6（j） 长江大通站2022年逐月径流量和输沙量变化

2022年长江干流主要水文控制站直门达、石鼓、攀枝花、向家坝、朱沱、寸滩的径流量、输沙量主要集中在5—10月，其径流量分别占全年的81%、76%、75%、62%、64%、66%；输沙量分别占全年的96%、95%、95%、73%、86%、90%。宜昌、沙市、汉口、大通站的径流量、输沙量主要集中在3—8月，其径流量分别占全年的67%、66%、70%、73%；输沙量分别占全年的86%、81%、77%、88%。

受支流嘉陵江10月初强降雨影响，长江干流寸滩站10月发生较大洪水，最大流量22500立方米每秒，形成年最大输沙过程，见图6（f）。

三峡坝下水准测量 （张伟革 摄）

2 长江主要支流

长江主要支流水文控制站桐子林、高场、北碚、武隆、皇庄站 2022 年逐月径流量、输沙量的变化见图 7。

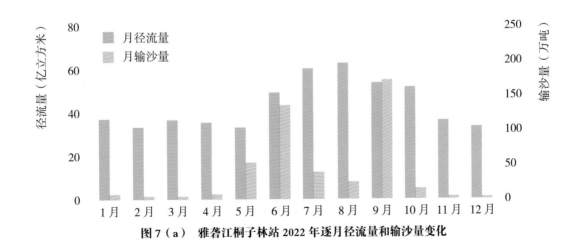

图 7（a） 雅砻江桐子林站 2022 年逐月径流量和输沙量变化

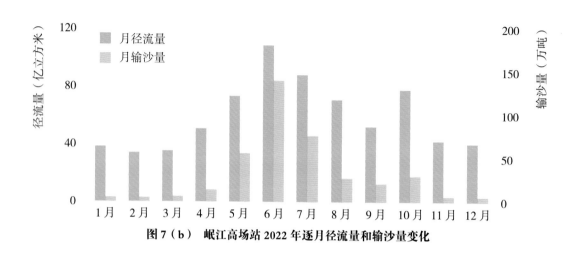

图 7（b） 岷江高场站 2022 年逐月径流量和输沙量变化

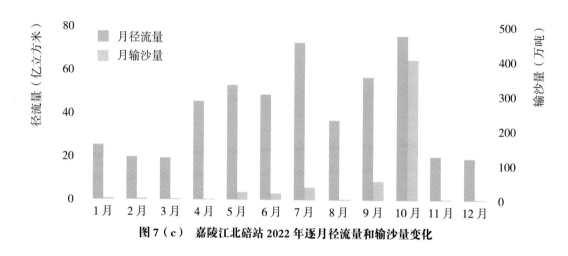

图 7（c） 嘉陵江北碚站 2022 年逐月径流量和输沙量变化

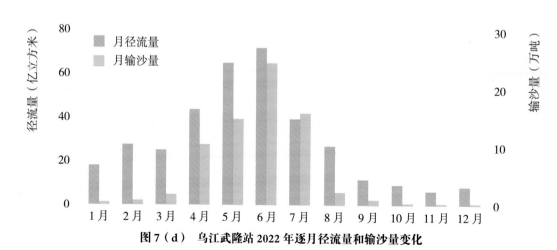

图 7（d） 乌江武隆站 2022 年逐月径流量和输沙量变化

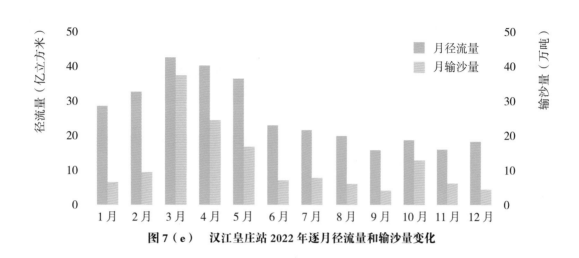

图 7（e）　汉江皇庄站 2022 年逐月径流量和输沙量变化

2022 年长江主要支流水文控制站桐子林、高场站径流量、输沙量主要集中在 5—10 月，其径流量分别占全年的 59%、66%，输沙量分别占全年的 93%、90%；北碚站径流量主要集中在 5—10 月，占全年的 70%，输沙量主要集中在 10 月，占全年的 74%；武隆站径流量主要集中在 4—8 月，占全年的 70%，输沙量主要集中在 4—7 月，占全年的 90%；皇庄站径流量主要集中在 1—5 月，占全年的 58%，输沙量主要集中在 3—5 月，占全年的 55%。

三峡坝前泥沙测验　　　　　　　　　　　　　　（张伟革　摄）

受嘉陵江 10 月初强降雨影响，北碚站 10 月发生年最大洪水过程，最大流量 18200 立方米每秒，形成年最大输沙过程，见图 7（c）。皇庄站受丹江口水库调蓄影响，径流量主要集中在 1—5 月，输沙量主要集中在 3—5 月，汉江上游 10 月出现较大洪水，丹江口水库最大入库流量 13500 立方米每秒，全部被丹江口水库拦蓄，并未在皇庄站形成较大洪水和输沙过程，见图 7（e）。

3 洞庭湖区

洞庭湖区水文控制站 2022 年逐月径流量、输沙量的变化见图 8。

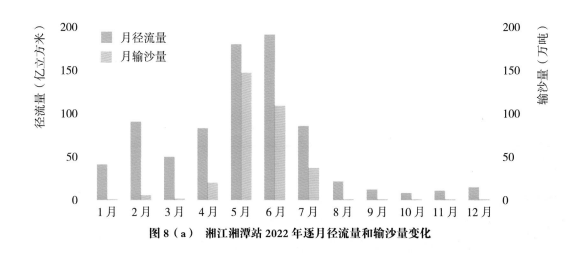

图 8（a） 湘江湘潭站 2022 年逐月径流量和输沙量变化

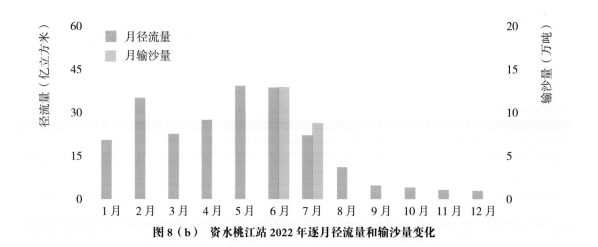

图 8（b） 资水桃江站 2022 年逐月径流量和输沙量变化

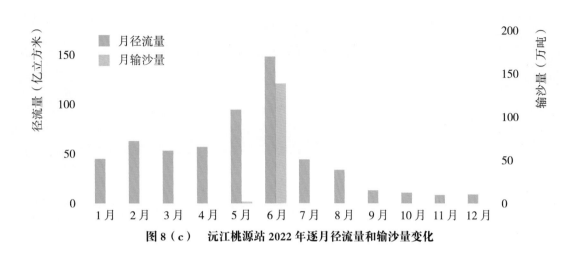

图 8（c） 沅江桃源站 2022 年逐月径流量和输沙量变化

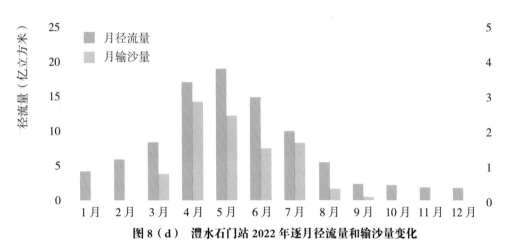

图 8（d） 澧水石门站 2022 年逐月径流量和输沙量变化

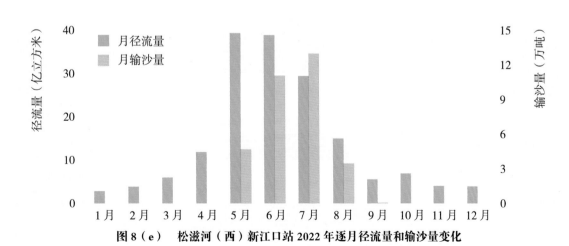

图 8（e） 松滋河（西）新江口站 2022 年逐月径流量和输沙量变化

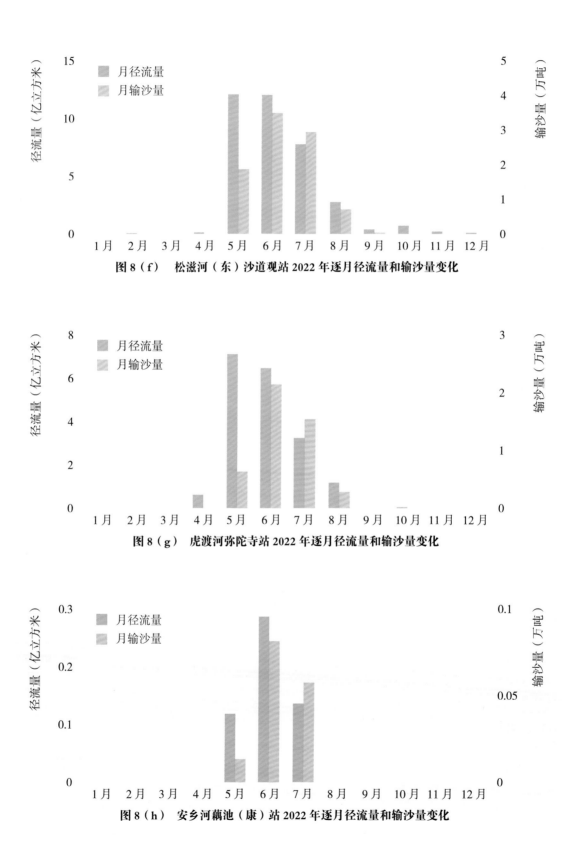

图8（f） 松滋河（东）沙道观站2022年逐月径流量和输沙量变化

图8（g） 虎渡河弥陀寺站2022年逐月径流量和输沙量变化

图8（h） 安乡河藕池（康）站2022年逐月径流量和输沙量变化

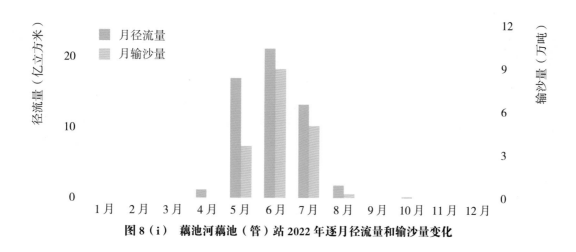

图 8（i） 藕池河藕池（管）站 2022 年逐月径流量和输沙量变化

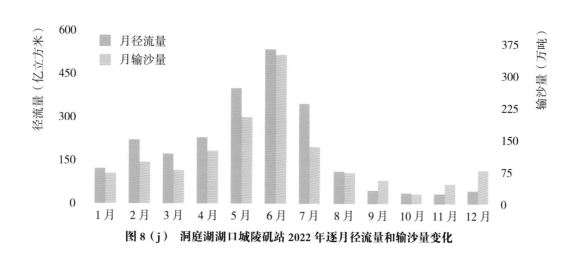

图 8（j） 洞庭湖湖口城陵矶站 2022 年逐月径流量和输沙量变化

　　洞庭湖区湘潭、桃江、石门站径流量主要集中在 4—7 月，其径流量分别占全年的 69%、55%、66%，桃源站径流量主要集中在 4—6 月，占全年的 52%，新江口、沙道观、弥陀寺、藕池（康）、藕池（管）、城陵矶站径流量主要集中在 5—7 月，其径流量分别占全年的 64%、89%、90%、近 100%、95%、56%；湘潭站输沙量主要集中在 5—7 月，占全年的 92%，桃江站输沙量主要集中在 6—7 月，占全年的近 100%，桃源站输沙量主要集中在 6 月，占全年的近 100%，石门站输沙量主要集中在 4—7 月，占全年的 88%，新江口、沙道观、弥陀寺站输沙量集中在 5—8 月，均占全年的近 100%，藕池（康）、藕池（管）、城陵矶站输沙量集中在 5—7 月，分别占全年的近 100%、99%、52%。沅江桃源站在 6 月初发生强降雨，形成了较大洪水和输沙过程，6 月输沙量占全年的近 100%，见图 8（c）。

4 鄱阳湖区

鄱阳湖区水文控制站 2022 年逐月径流量、输沙量的变化见图 9。

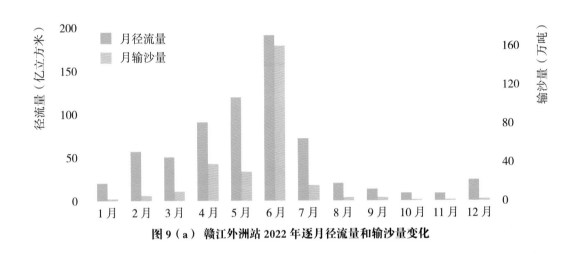

图 9（a） 赣江外洲站 2022 年逐月径流量和输沙量变化

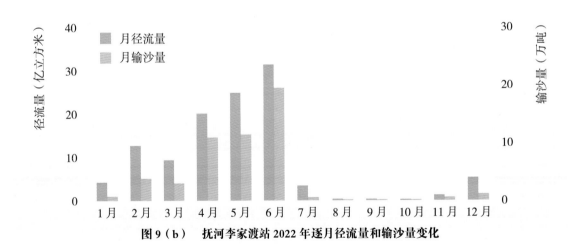

图 9（b） 抚河李家渡站 2022 年逐月径流量和输沙量变化

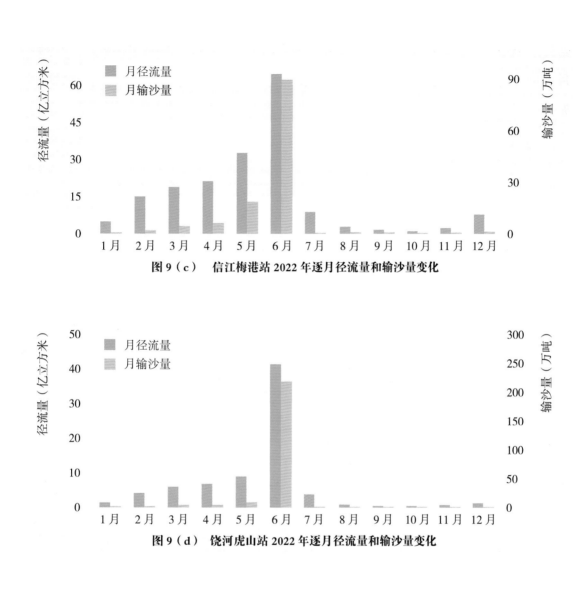

图 9（c） 信江梅港站 2022 年逐月径流量和输沙量变化

图 9（d） 饶河虎山站 2022 年逐月径流量和输沙量变化

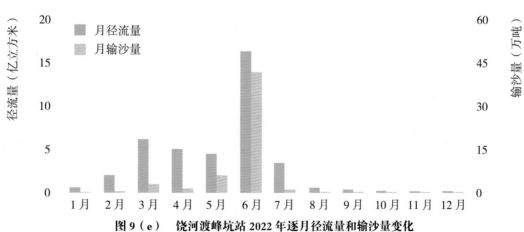

图 9（e） 饶河渡峰坑站 2022 年逐月径流量和输沙量变化

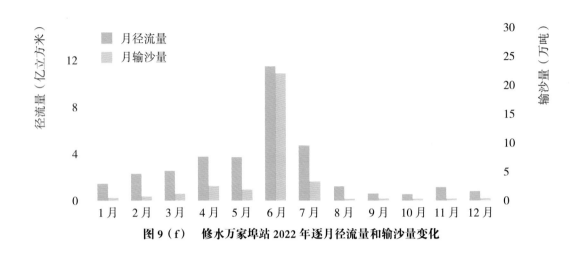

图 9（f） 修水万家埠站 2022 年逐月径流量和输沙量变化

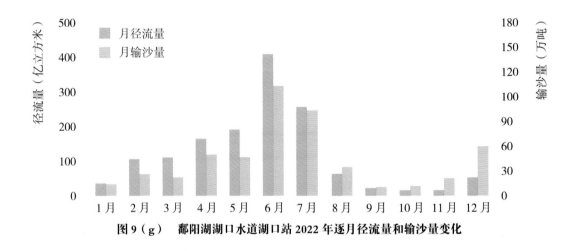

图 9（g） 鄱阳湖湖口水道湖口站 2022 年逐月径流量和输沙量变化

鄱阳湖区外洲、李家渡、梅港、虎山、渡峰坑、万家埠、湖口站径流量主要集中在 2—7 月，其径流量分别占全年的 86%、90%、89%、94%、95%、83%、86%；外洲、李家渡站输沙量主要集中在 4—6 月，梅港、虎山、渡峰坑、万家埠站输沙量主要集中在 6 月，湖口站输沙量主要集中在 4—8 月及 12 月，其输沙量分别占全年的 84%、81%、72%、92%、78%、67%、80%。

第三章

Changjiang Sediment Bulletin

重点河段的冲淤变化

　　长江上游干支流梯级水库蓄水运用后，对流域水沙变化和河道冲淤规律都产生了深远的影响。受蓄水影响，库区河段主要以累积性淤积为主，个别河段发生冲淤变化调整，而坝下游河段则以冲刷为主。长江中下游河道呈现从上游向下游冲刷发展态势，速度快，范围大，全程冲刷已发展至长江口，在长距离冲刷的同时，局部河段河势也发生了一些新的变化。

长江口多船组同步测流　　　　　　　　　　　（张静　摄）

（一）重庆主城区河段

1 河段概况

重庆主城区河段包括长江干流大渡口至铜锣峡长约 40 公里、嘉陵江井口至朝天门长约 20 公里。重庆主城区河道在平面上呈连续弯曲的河道形态，弯道段与顺直过渡段长度所占比例约为 1：1。重庆主城区河段河势见图 10。

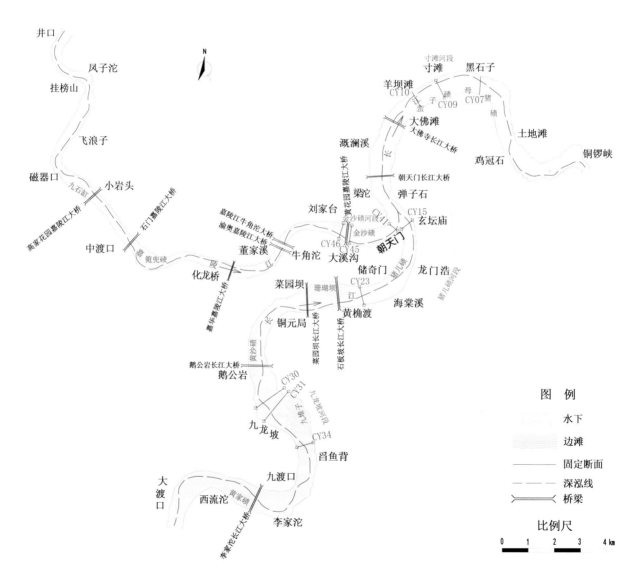

图 10　重庆主城区河段河势图

2 冲淤变化

2021 年 12 月至 2022 年 12 月，重庆主城区河段表现为冲刷，冲刷量为 146.1 万立方米。其中重庆主城区嘉陵江汇合口以下的长江干流河段冲刷 6.2 万立方米，汇合口以上长江干流河段冲刷 54.2 万立方米，嘉陵江段冲刷 85.7 万立方米。局部重点河段中，九龙坡、猪儿碛、寸滩和金沙碛河段均表现为冲刷。具体见表 5 及图 11。

计算时段	局部重点河段				长江干流		嘉陵江	全河段
	九龙坡	猪儿碛	寸滩	金沙碛	汇合口（15）以上	汇合口（15）以下		
2008 年 09 月—2021 年 12 月	−237.5	−124.6	22.6	−12.6	−1702.6	−68.2	−150.3	−1921.1
2021 年 12 月—2022 年 06 月	−24.8	−20.9	−11.1	−12.0	−88.5	−89.2	−69.7	−247.4
2022 年 06 月—2022 年 12 月	1.9	17.1	10.8	−0.8	34.3	83.0	−16.0	101.3
2021 年 12 月—2022 年 12 月	−22.9	−3.8	−0.3	−12.8	−54.2	−6.2	−85.7	−146.1
2008 年 09 月—2022 年 12 月	−260.4	−128.4	22.3	−25.4	−1756.8	−74.4	−236	−2067.2

表 5　重庆主城区河段冲淤变化统计表　单位：万立方米

1. 九龙坡、猪儿碛、寸滩河段为长江九龙坡港区、汇合口上游干流港区及寸滩新港区，计算河段长分别为 2364 米、3717 米、2578 米；
2. 金沙碛河段为嘉陵江口门段（朝天门附近），计算河段长 2671 米；
3. "+"表示淤积，"−"表示冲刷。

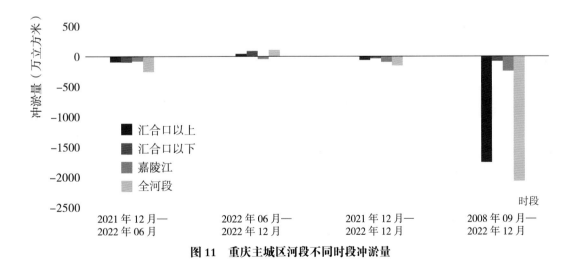

图 11　重庆主城区河段不同时段冲淤量

3 典型断面变化

在天然情况下，断面年内变化主要表现为汛期淤积、非汛期冲刷，年际间无明显单向性的冲深或淤高现象。2008 年以来，年际间河床断面形态多无明显变化，年内有冲有淤，局部受采砂影响高程有所下降。2022 年汛前消落期局部有明显冲刷，汛期嘉陵江河口段断面有所淤积。长江、嘉陵江典型断面年际冲淤变化见图 12，2022 年年内冲淤变化见图 13。

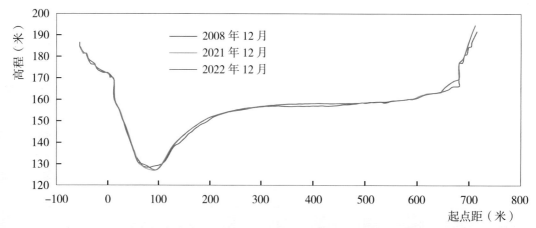

图 12（a） 重庆主城区河段典型断面（CY09，距坝 597.1 公里）年际冲淤变化

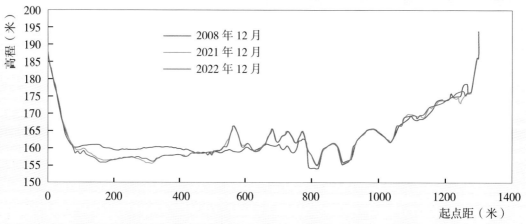

图 12（b） 重庆主城区河段典型断面（CY31，距坝 614.7 公里）年际冲淤变化

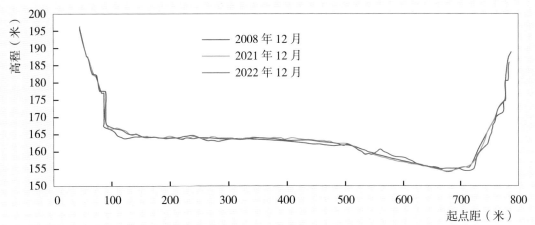

图 12（c） 重庆主城区河段典型断面（CY45，距嘉陵江河口 2.5 公里）年际冲淤变化

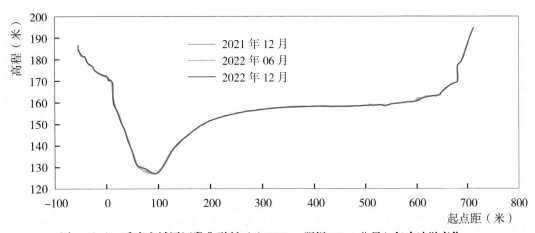

图 13（a） 重庆主城区河段典型断面（CY09，距坝 597.1 公里）年内冲淤变化

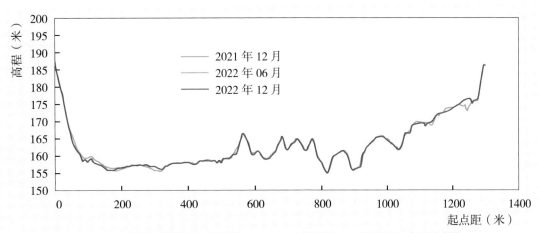

图 13（b） 重庆主城区河段典型断面（CY31，距坝 614.7 公里）年内冲淤变化

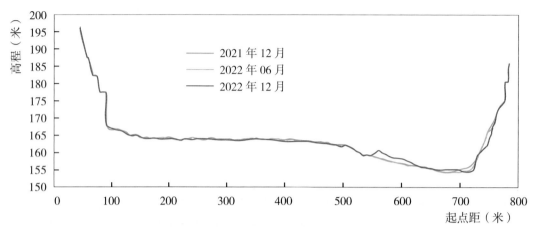

图 13（c）　重庆主城区河段典型断面（CY45，距嘉陵江河口 2.5 公里）年内冲淤变化

4　河道深泓纵剖面变化

重庆主城区河段深泓纵剖面有冲有淤，2022 年年内深泓变化幅度一般在 0.3 米以内。深泓年际变化见图 14，2022 年年内变化见图 15。

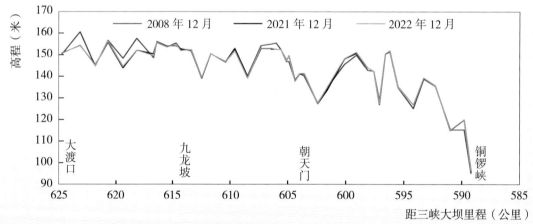

图 14（a）　重庆市主城区河段长江干流深泓纵剖面年际变化

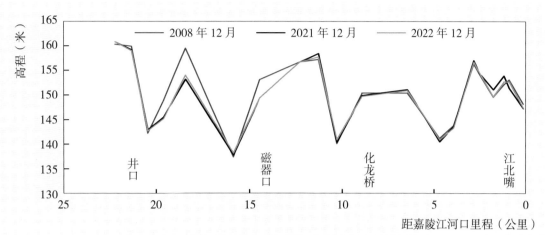

图 14（b） 重庆市主城区河段嘉陵江深泓纵剖面年际变化

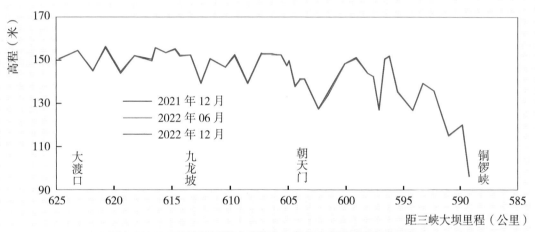

图 15（a） 重庆市主城区河段长江干流深泓纵剖面年内变化

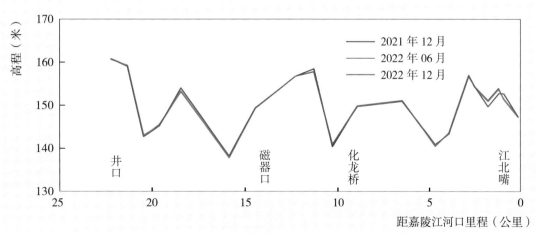

图 15（b） 重庆市主城区河段嘉陵江深泓纵剖面年内变化

2022 年 6 月饶河虎山站被淹画面 （卢静媛 摄）

5 近期演变特点

2008 年以来，重庆主城区河段年内冲淤一般表现为：汛期以淤积为主，汛前消落期随着三峡水库坝前水位的消落，河床以冲刷为主，汛后蓄水前期河床也以冲刷为主，到蓄水后期才转为淤积。

（二）南京河段

1 河段概况

南京河段位于长江下游感潮区内，上起慈湖河口、下止三江口，全长约 92.3 公里。河段内洲滩发育，其平面形态为宽窄相间的藕节状的分汊河型，由新济洲、梅子洲、八卦洲和龙潭弯道等河段组成。自上而下有七坝、下关、西坝等四个束窄段。相邻两束窄段间水域开阔，出现分汊河道。河道进口段为新济洲汊道段，七坝至下关间有梅子洲汊道，为双分汊河型；下关至西坝间有八卦洲汊道，为弓形分汊河型；西坝以下为单一的龙潭弯道。南京河段河势见图16。

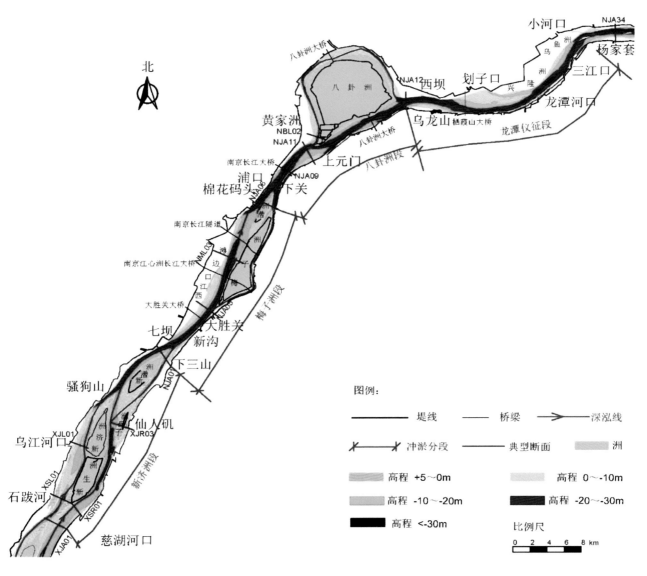

图16　南京河段形势图

2 冲淤变化

南京河段分别于 2001 年、2006 年、2011 年、2016 年、2021 年等年份共开展过 5 次河道地形测量。2001 年 10 月—2021 年 3 月，南京河段总体表现为全河段冲刷，洪水河槽（相当于大通站流量 60000 立方米每秒）下累计冲刷 1.47 亿立方米，枯水河槽下冲刷量达到 1.18 亿立方米。从时段分布看，2001—2006 年及 2016—2021 年该河段整体呈"滩淤槽冲"，其他时段都呈"滩槽均冲"，累计也呈此特征。见表 6 和图 17。

表 6　　　　　　　　　　　　南京河段冲淤变化统计表　　　　　　　　单位：万立方米

河段	时段	冲淤量			
		枯水河槽	基本河槽	平滩河槽	洪水河槽
新生洲分汊前干流段 （XJA01～XSR01）	2001 年 10 月—2006 年 05 月	+7	+114	+170	+206
	2006 年 05 月—2011 年 10 月	−8	+103	−21	−30
	2011 年 10 月—2016 年 10 月	−172	−76	−38	−22
	2016 年 10 月—2021 年 10 月	−266	−260	−254	−252
	2001 年 10 月—2021 年 03 月	−439	−108	−124	−102
新生洲、新济洲左汊 （XSL01～NJA01）	2001 年 10 月—2006 年 05 月	−186	+365	+681	+893
	2006 年 05 月—2011 年 10 月	+220	+445	+275	−114
	2011 年 10 月—2016 年 10 月	−1289	−1484	−1632	−1758
	2016 年 10 月—2021 年 03 月	+708	+1110	+1468	+1705
	2001 年 10 月—2021 年 03 月	−547	+436	+792	+726
新生洲、新济洲右汊 （XJR01～NJA01）	2001 年 10 月—2006 年 05 月	−875	−1023	−1130	−1042
	2006 年 05 月—2011 年 10 月	+840	+779	+707	+505
	2011 年 10 月—2016 年 10 月	+1076	+1174	+1271	+1415
	2016 年 10 月—2021 年 03 月	−764	−386	−58	+465
	2001 年 10 月—2021 年 03 月	+277	+544	+790	+1343
梅子洲分汊前干流段 （NJA01～NJA05）	2001 年 10 月—2006 年 05 月	−890	−704	−410	+57
	2006 年 05 月—2011 年 10 月	−919	−1309	−1803	−2142
	2011 年 10 月—2016 年 10 月	−1113	−1344	−1536	−1813
	2016 年 10 月—2021 年 03 月	−230	−264	−321	−359
	2001 年 10 月—2021 年 03 月	−3152	−3621	−4070	−4257
梅子洲左汊 （NJA05～NJA06）	2001 年 10 月—2006 年 05 月	−647	−708	−600	−310
	2006 年 05 月—2011 年 10 月	−554	−531	−797	−1078
	2011 年 10 月—2016 年 10 月	−824	−1285	−1790	−2095
	2016 年 10 月—2021 年 03 月	−226	−365	−425	−430
	2001 年 10 月—2021 年 03 月	−2251	−2889	−3612	−3913

续表

河段	时段	冲淤量			
		枯水河槽	基本河槽	平滩河槽	洪水河槽
梅子洲右汊 （NJA05～NJA06）	2001 年 10 月—2006 年 05 月	+87	+83	+105	+110
	2006 年 05 月—2011 年 10 月	+102	+117	+115	+117
	2011 年 10 月—2016 年 10 月	−26	−81	−127	−160
	2016 年 10 月—2021 年 03 月	−7	−23	−30	−33
	2001 年 10 月—2021 年 03 月	+156	+96	+63	+34
八卦洲分汊前干流段 （NJA06～NJA11）	2001 年 10 月—2006 年 05 月	+372	+314	+330	+350
	2006 年 05 月—2011 年 10 月	−355	−372	−421	−450
	2011 年 10 月—2016 年 10 月	−532	−536	−532	−581
	2016 年 10 月—2021 年 03 月	−146	−152	−126	−119
	2001 年 10 月—2021 年 03 月	−661	−746	−749	−800
八卦洲左汊 （NJA11～NJA12）	2001 年 10 月—2006 年 05 月	−224	−258	+220	+850
	2006 年 05 月—2011 年 10 月	+416	+281	+99	−74
	2011 年 10 月—2016 年 10 月	−484	−517	−956	−1571
	2016 年 10 月—2021 年 03 月	−133	−147	−227	−322
	2001 年 10 月—2021 年 03 月	−425	−641	−864	−1117
八卦洲右汊 （NJA11～NJA12）	2001 年 10 月—2006 年 05 月	+10	−11	+40	+132
	2006 年 05 月—2011 年 10 月	+14	+2	−93	−177
	2011 年 10 月—2016 年 10 月	−862	−911	−918	−970
	2016 年 10 月—2021 年 03 月	−236	−259	−218	−199
	2001 年 10 月—2021 年 03 月	−1074	−1179	−1189	−1214
龙潭仪征段 （NJA12～ZYA01）	2001 年 10 月—2006 年 05 月	−154	−273	+340	+980
	2006 年 05 月—2011 年 10 月	−2343	−2731	−3545	−4295
	2011 年 10 月—2016 年 10 月	−164	−110	−466	−661
	2016 年 10 月—2021 年 03 月	−1022	−1242	−1459	−1597
	2001 年 10 月—2021 年 03 月	−3683	−4356	−5130	−5573
南京全河段 （XJA01～ZYA01）	2001 年 10 月—2006 年 05 月	−2500	−2101	−254	2226
	2006 年 05 月—2011 年 10 月	−2587	−3216	−5484	−7738
	2011 年 10 月—2016 年 10 月	−4390	−5170	−6724	−8216
	2016 年 10 月—2021 年 03 月	−2322	−1988	−1650	−1141
	2001 年 10 月—2021 年 03 月	−11799	−12475	−14112	−14869

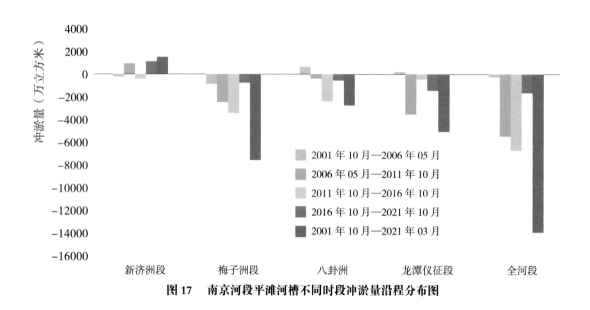

图17　南京河段平滩河槽不同时段冲淤量沿程分布图

3　典型断面变化

南京河段断面形状总体变化不大，2001年以来两侧河岸稳定少变，河槽部位呈冲淤交替。断面形态多为不规则的"U"形、"W"形或者偏"V"形，断面形态基本稳定。新生洲洲头左槽略有发展、右槽有所淤积（XJA01断面）；新济洲左汊洲滩显著发展（XJL01断面）；梅子洲左汊边滩变化较小（NML03断面）；下关浦口段长江大桥处两侧河岸相对稳定，河槽部位平均有3～5米的冲刷下切（NJA09断面）；八卦洲左汊进口段河槽宽度有所束窄（NBL02断面）；龙潭水道末端横断面上两岸稳定少变，河槽微淤（NJA34断面）。南京河段典型断面变化见图18。

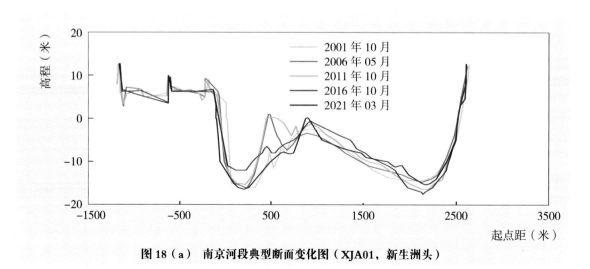

图18（a）　南京河段典型断面变化图（XJA01，新生洲头）

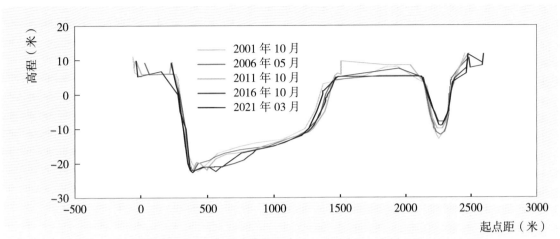

图 18（b） 南京河段典型断面变化图（XJR03，含右夹槽，距新生洲头 15.2 公里）

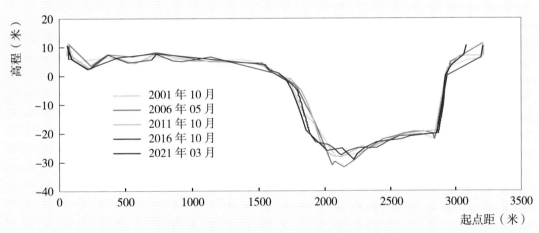

图 18（c） 南京河段典型断面变化图（NML03，距新生洲头 39.7 公里）

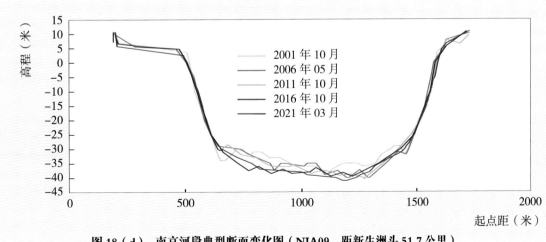

图 18（d） 南京河段典型断面变化图（NJA09，距新生洲头 51.7 公里）

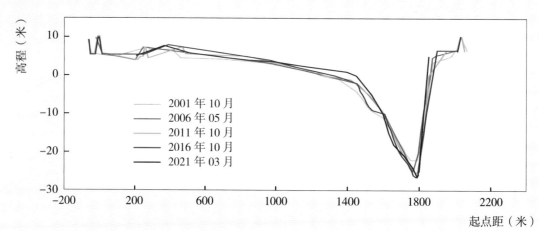

图 18（e） 南京河段典型断面变化图（NBL02，距新生洲头 56.7 公里）

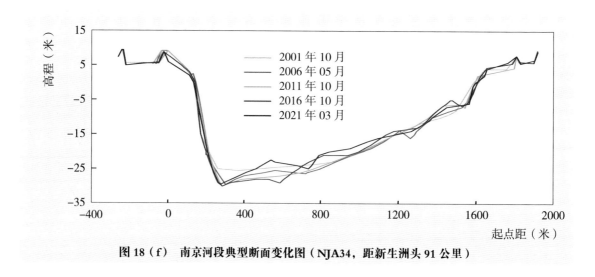

图 18（f） 南京河段典型断面变化图（NJA34，距新生洲头 91 公里）

4 河道深泓纵剖面变化

南京河段深泓纵剖面沿程起伏不平，呈锯齿状，有冲有淤，整体呈冲刷态势。2001 年以来，南京深泓整体冲淤交替，年际间冲淤变幅一般都在 2～3 米。2020 年流域性大洪水作用后，除八卦洲大桥及龙潭河口有明显冲刷下切外，其余各段以小幅淤积为主。见图 19。

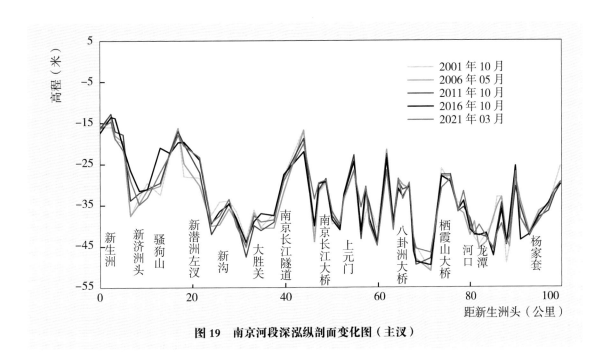

图 19　南京河段深泓纵剖面变化图（主汊）

5　近期演变特点

经过 60 多年的综合治理，目前南京河段总体河势基本保持稳定，深泓线横向摆动较少，深槽区平面位置基本稳定，岸线冲淤总体变化不大，在确保现有护岸工程稳定并注意维护和巩固的前提下，南京河段河势将继续保持基本稳定的态势。

新生洲新济洲汊道段：经过南京河段二期整治工程以及新济洲河段整治工程，宏观河势已逐渐趋于稳定，目前总体上新生洲右汊深槽仍保持较好的平面形态。

梅子洲汊道段：经 20 世纪 70 年代七坝节点、大胜关—梅子洲头护岸工程后，岸线基本稳定，但棉花码头顶冲点处岸坡较陡，滩地较窄，堤防距离水边较近，需要加强关注。

八卦洲汊道段：近年八卦洲右汊进口附近的上元门边滩前沿 -10 米线明显右移，对左汊分流不利，今后应加强监测和治理。

龙潭水道：整体河势稳定，局部发生崩岸，近年乌龙山边滩前沿 -10 米线及兴隆洲心滩 -10 米线均有所左移，心滩左槽冲刷发展，分流比增大，汇合后水流的角度可能会加重龙潭河口附近局部江岸的冲刷。

第四章

重要水库和湖泊

（一）三峡水库

三峡水库自 2022 年 1 月 1 日 0 时坝前水位 170.78 米开始逐步消落，6 月 9 日 17 时水库水位消落至 144.99 米。随后三峡水库转入汛期运行，9 月 10 日起三峡水库开始汛末蓄水（坝前水位为 147.95 米），11 月 4 日 12 时坝前水位达到汛后最高水位 160.04 米，未蓄至正常高水位 175 米，蓄水量欠 131 亿立方米，是 12 年来首次未蓄至正常水位 175 米。

1 入库水沙量

2022 年三峡入库水文控制站朱沱、北碚和武隆站的径流量、输沙量之和分别为 3147 亿立方米和 0.136 亿吨，与三峡水库蓄水运用以来（2003—2021 年）的平均值相比，分别偏少 16% 和 91%，与金沙江下游梯级水库相继蓄水运用以来（2013—2021 年）的平均值相比，分别偏少 19% 和 84%。

2 出库水沙量

三峡水库出库控制站黄陵庙站，2022 年径流量和输沙量分别为 3549 亿立方米和 0.0263 亿吨。宜昌站 2022 年径流量和输沙量分别为 3623 亿立方米和 0.0276 亿吨，与 2003—2021 年的平均值相比，分别偏少 15% 和 92%，与 2013—2021 年的平均值相比，分别偏少 19% 和 84%。

3 水库淤积量

根据三峡水库入、出库水文观测资料统计分析，在不考虑推移质输沙及区间来沙的情况下，2022年，库区淤积泥沙0.1097亿吨，水库排沙比为19%。2022年三峡水库淤积量年内变化见图20。

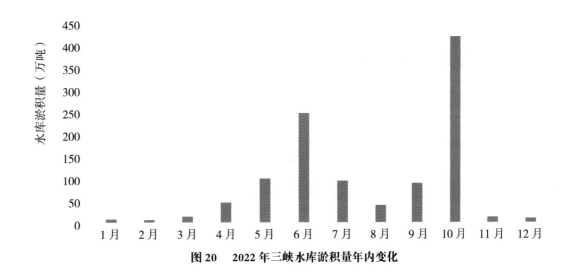

图20 2022年三峡水库淤积量年内变化

2003年6月三峡水库蓄水运用以来至2022年12月，三峡水库入库悬移质泥沙26.943亿吨，出库（黄陵庙站）悬移质泥沙6.35亿吨，不考虑推移质输沙及区间来沙，水库淤积泥沙20.593亿吨，近似年均淤积泥沙1.052亿吨，水库排沙比为24%。

4 淤积分布与典型断面变化

三峡水库蓄水以来，受上游来水来沙、河道采砂和水库调度等影响，变动回水区总体冲刷，泥沙淤积主要集中在涪陵以下的常年回水区。根据实测断面数据计算，干流95%的泥沙淤积在水库175米高程以下河床内。其中：在145米高程以下的水库死库容内河床淤积量占干流总淤积量的87%；145～175米高程之间的水库防洪库容内河床淤积占干流总淤积量的8%。

三峡水库内94%的淤积量集中在宽谷段，且以主槽淤积为主，如S113、S207、S242等断面；窄深段淤积相对较少或略有冲刷，如位于瞿塘峡的S109断面；深泓最大淤高67.9米（S34断面）；蓄水前后三峡水库典型断面冲淤变化见图21。

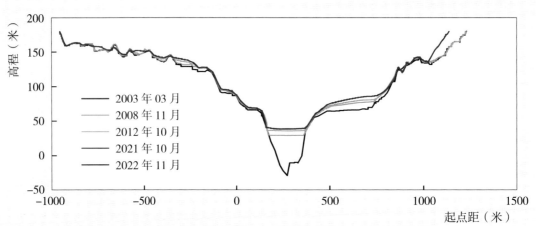

图21（a）　三峡水库典型断面（S34，距三峡大坝5.6公里）冲淤变化

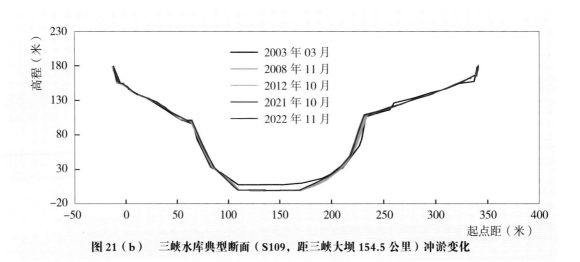

图21（b）　三峡水库典型断面（S109，距三峡大坝154.5公里）冲淤变化

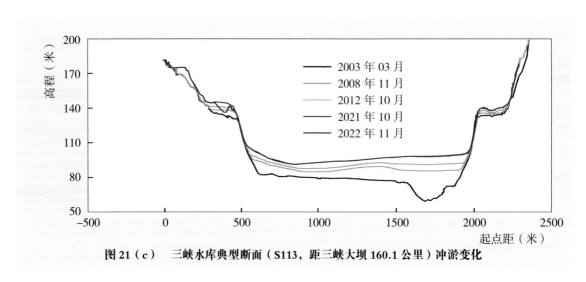

图21（c）　三峡水库典型断面（S113，距三峡大坝160.1公里）冲淤变化

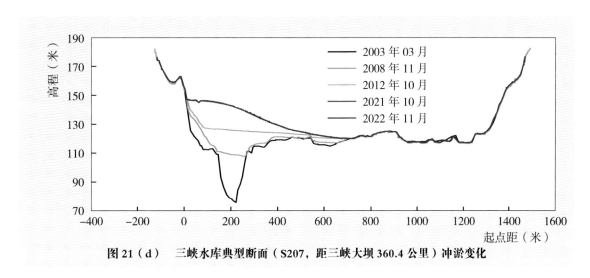

图 21（d）   三峡水库典型断面（S207，距三峡大坝 360.4 公里）冲淤变化

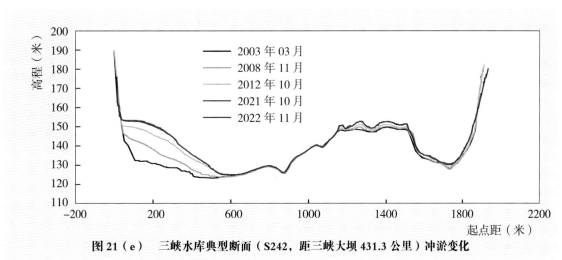

图 21（e）   三峡水库典型断面（S242，距三峡大坝 431.3 公里）冲淤变化

（二）丹江口水库

丹江口水库坝前水位自 2022 年 1 月 1 日 0 时 167.81 米开始逐步消落，9 月 20 日水位下降至 156.42 米为全年最低，此后逐步回升。6 月至 9 月汉江上游主汛期来水量显著偏少，10 月汉江上游出现一次较大涨水过程，丹江口水库最大入库流量 13500 立方米每秒，库水位快速上升，10 月 5 日达到下半年最高水位 161.20 米，随后坝前水位缓慢下落，到年末下降至 158.15 米。

1 入库水沙量

2022 年丹江口水库入库控制站汉江白河、天河贾家坊、堵河黄龙滩、丹江磨峪湾和老灌河淅川站（五站控制的流域面积占丹江口水库集水总面积的88%）的入库径流量、输沙量之和分别为240.7亿立方米和200万吨，与2021年度相比分别减少65%和92%。

2 出库水沙量

丹江口水库有三个出库口，分别是丹江口大坝、南水北调中线渠首陶岔和鄂北引水渠首清泉沟。2022年三个出库口水量之和为340.6亿立方米，较入库量多出99.90亿立方米。其中大坝出口控制站黄家港站径流量为242.4亿立方米、中线渠首陶岔水文站86.05亿立方米、鄂北引水渠首清泉沟水文站12.11亿立方米，出库总水量比2021年度减少48%；出库输沙量近似为0。

注：陶岔、清泉沟站数据来自长江水利委员会水文局。

3 水库淤积量

根据丹江口水库进出库水文观测资料统计分析，在不考虑推移质输沙及区间悬移质来沙的情况下，2022年丹江口库区淤积泥沙量约为200万吨，水库排沙近似为0。

（三）洞庭湖区

2022年洞庭湖入湖主要控制站径流量共1970亿立方米，其中：荆江"三口"径流量为276.2亿立方米，洞庭"四水"径流量为1693亿立方米。入湖总径流量与1956—2020年多年平均值相比偏小22%，与近10年平均值相比偏小13%。由城陵矶汇入长江的年径流量为2289亿立方米，与1951—2020年多年平均值相比偏小19%，与近10年平均值相比偏小14%。

2022年洞庭湖入湖主要控制站输沙量共547万吨，其中63.2万吨来自荆江"三口"，484万吨来自洞庭"四水"。入湖总输沙量与1956—2020年多年平均值相比偏小95%，与近10年平均值相比偏小56%。由城陵矶汇入长江的年输沙量1300万吨，与1951—2020年多年平均值相比偏小64%，与近10年平均值相比偏小24%。

（四）鄱阳湖区

2022 年鄱阳湖入湖主要控制站（五河七口：赣江外洲，抚河李家渡，信江梅港，饶河虎山、渡峰坑，修水万家埠、虬津）径流量共 1175 亿立方米，与 1956—2020 年多年平均值相比偏小 6%，与近 10 年平均值相比偏小 9%。由湖口汇入长江的年径流量为 1430 亿立方米，与 1950—2020 年多年平均值相比偏小 6%，与近 10 年平均值相比偏小 10%。

2022 年鄱阳湖入湖主要控制站（五河六口：赣江外洲，抚河李家渡，信江梅港，饶河虎山、渡峰坑，修水万家埠）输沙量共 766 万吨，与 1957—2020 年多年平均值相比偏小 38%，与近 10 年平均值相比偏大 16%。由湖口汇入长江的年输沙量为 503 万吨，与 1952—2020 年多年平均值相比偏小 50%，与近 10 年平均值相比偏小 31%。

乐平共产主义水库　　　　　（卢静媛　摄）

第五章

重要泥沙事件

（一）长江遭遇百年一遇枯水、中下游输沙量剧减

2022 年 6—10 月长江流域降水量为 1961 年以来同期最少，长江流域干支流来水均严重偏少，且上中下游枯水遭遇，形成流域性严重枯水。长江中下游干流主要控制站 8 月份枯水重现期超百年一遇，8—10 月各站水位均达历史同期极枯值，洞庭湖、鄱阳湖 8 月均提前进入枯水期。百年一遇枯水造成长江中下游输沙量剧减，干流控制站汉口站、大通站和支流控制站汉江皇庄站、洞庭湖湖口城陵矶站、鄱阳湖湖口水道湖口站，8 月输沙量较近 10 年平均值分别偏小 77%、84%、90%、32%、31%，8—10 月输沙量较近 10 年平均值分别偏小 79%、88%、91%、51%、57%。

（二）长江干流河道、洞庭湖、鄱阳湖采砂以及疏浚砂综合利用

2022 年，长江干流河道共实施采砂 1451 万吨。其中，宜昌以上长江上游干流河道实施采砂总量 499 万吨，长江中下游干流河道实施采砂总量 952 万吨。各省（市）实施采砂量情况见表 7。

表 7　　　　　　　　　　长江干流河道各省（市）2022 年度实施采砂总量

省（市）	重庆市	湖北省	湖南省	上海市	合计
实施采砂量（万吨）	424	895	80	52	1451

注 江西省、安徽省及省际边界重点河段未实施采砂许可，四川省长江宜宾以下河道和江苏省长江干流河道无规划可采区。

洞庭湖湖区及主要支流实施采砂总量约 5846 万吨，鄱阳湖湖区及主要支流实施采砂总量约 4512 万吨。具体分布见表 8、表 9。

表8　　　　　　　　　　洞庭湖湖区及主要支流2022年度实施采砂总量

河湖名	洞庭湖湖区	湘江	资水	沅江	澧水	合计
实施采砂量（万吨）	5604	242	0	0	0	5846

注 表中数据由湖南省洞庭湖水利事务中心提供。

表9　　　　　　　　　　鄱阳湖湖区及主要支流2022年度实施采砂总量

河湖名	鄱阳湖湖区	赣江	抚河	信江	饶河	修水	合计
实施采砂量（万吨）	1887	1731	695	51	66	82	4512

注 表中数据由江西省鄱阳湖水利枢纽建设办公室河湖处提供。

2022年，长江干流疏浚砂综合利用总量约1858万吨。其中，河道和航道疏浚砂综合利用量约1251万吨，码头、锚地、取水口等疏浚砂综合利用量约607万吨。各省（市）疏浚砂综合利用量见表10。

表10　　　　　　　　长江干流各省（市）2022年度疏浚砂综合利用总量

省（市）	重庆市	湖北省	湖南省	江苏省	合计
实施采砂量（万吨）	174	855	105	724	1858

注 四川省、江西省、安徽省、上海市及省际边界重点河段无疏浚砂综合利用。

（三）长江流域水土保持重点防治工程

2022年，长江流域实施了中央财政水利发展资金国家水土保持重点工程，项目范围涉及青海、西藏、云南、贵州、四川、重庆、甘肃、陕西、湖北、湖南、江西、河南、安徽、江苏和广西15省（自治区、直辖市）的315个县（市、区），共完成水土流失治理面积49.41万公顷。其中，建设坡改梯0.35万公顷、营造水土保持林1.13万公顷、栽植经果林1.34万公顷、种草0.18万公顷、封禁治理35.50万公顷、其他措施10.91万公顷，完成小型水利水保工程3474处。各省（区、市）2022年度水土流失治理面积见表11。

表11　　　　　　　　长江流域各省（区、市）2022年度水土流失治理面积

省名	青海省	西藏自治区	云南省	贵州省	四川省	重庆市	甘肃省	陕西省
治理面积（万公顷）	0.02	2.76	3.98	4.66	9.54	5.29	1.15	1.34
省名	湖北省	湖南省	江西省	河南省	安徽省	江苏省	广西壮族自治区	合计
治理面积（万公顷）	5.76	5.61	4.21	0.71	2.49	1.26	0.63	49.41

（四）长江干流及主要支流河道崩岸

经初步统计，自2022年1月至2022年12月，长江干流、主要支流共发生河道崩岸14处、崩岸长度5668米。其中长江中下游干流3处、长度1440米；主要支流11处、长度4228米。按地区分布，湖北省长江干流崩岸2处、长度360米，主要支流崩岸11处、长度4228米；安徽省长江干流崩岸1处、长度1080米。

长江中下游干流崩岸按河段分布，陆溪口河段崩岸1处、长度60米；韦源口河段崩岸1处、长度300米；马垱河段崩岸1处、长度1080米。

2022年长江干流崩岸较往年明显偏少，较为严重的险情为湖北省嘉鱼县陆溪口河段邱家湾段崩岸。

嘉鱼县陆溪口河段邱家湾段崩岸：2022年10月31日，湖北省咸宁市嘉鱼县境内长江右岸陆溪口河段嘉鱼长江干堤三合垸堤邱家湾段发生一处崩岸险情（见图22），崩岸对应三合垸堤桩号鄂江右317+700至鄂江右317+760，崩岸长约60.0米、崩深约25.0米、崩坎高约1.5米，原护岸工程坡体滑挫，脚槽向外侧平移约10.0米。崩岸距嘉鱼长江干堤三合垸堤堤脚约30.0米。

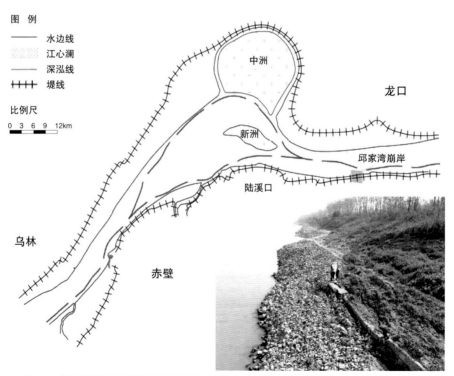

图22　嘉鱼县长江干堤邱家湾桩号鄂江右317+700至鄂江右317+760堤段崩岸